Ernst Probst

Die Stichband- keramik

Eine Kultur der Jungsteinzeit
vor etwa 4.900 bis 4.500 v. Chr.

Den Prähistorikern Dr. Rudolf Feustel (Weimar)
und Dr. Dieter Kaufmann (Halle/Saale) gewidmet,
die mir bei meinem Buch „Deutschland in der Steinzeit" (1991)
wertvolle Hilfe geleistet haben

Impressum:
Die Stichbandkeramik
1. Auflage als Print-Buch: Juni 2019
Autor: Ernst Probst
Im See 11, 55246 Mainz-Kostheim
Telefon: 06134/21152
E-Mail: ernst.probst (at) gmx.de
Herstellung: Amazon Distribution GmbH, Leipzig
Alle Rechte vorbehalten
ISBN: 978-1-075-12141-8

Tönerner Kumpf der Stichbandkeramik aus Bad Frankenhausen
im „Museum für Ur- und Frühgeschichte in Thüringen", Weimar.
Foto: Wolfgang Sauber / CC-BY-SA4.0 (via Wikimedia Commons),
lizensiert unter Creative-Commons-Lizenz by-sa-4.0-en,
https://creativecommons.org/licenses/by-sa/4.0/legalcode

Sonnenobservatorium Goseck (Burgenlandkreis) in Sachsen-Anhalt.
Foto: Einsamer Schütze / CC-BY-SA3.0 (via Wikimedia Commons),
lizensiert unter Creative-Commons-Lizenz by-sa-3.0-de,
https://creativecommons.org/licenses/by-sa/3.0/de/legalcode

Vorwort

Um eine Kultur aus der Jungsteinzeit zwischen etwa 4.900 und 4.500 v. Chr. geht es in dem Taschenbuch „Die Stichbandkeramik" des Wiesbadener Wissenschaftsautors Ernst Probst. Diese vier Jahrhunderte existierende Kultur erhielt bereits 1889 nach der typischen Verzierung ihrer Tongefäße ihren Namen. Die Stichbandkeramiker haben monumentale Kreisgrabenanlagen mit Gräben, Wällen, Palisaden und Toren erbaut, die offenbar zur Himmelsbeobachtung dienten. Offenbar ließen sich damit der Zeitpunkt der Sommer- und der Wintersonnenwende bestimmen. Eines der ältesten dieser rätselhaften Sonnenobservatorien befand sich bereits vor rund 6.900 Jahren über dem Saaletal bei Goseck in Sachsen-Anhalt. Ähnliche Anlagen existierten auch in Niedersachsen (Watenstedt bei Helmstedt), Niederösterreich (Frauenhofen) und Tschechien. Die Stichbandkeramiker waren die Nachfolger der Linienbandkeramiker, die als erste Bauern in Deutschland den Ackerbau, die Viehzucht und die Töpferei einführten. Ernst Probst hat 1991 das Buch „Deutschland in der Steinzeit" veröffentlicht. 2019 befasste er sich mit einzelnen Kulturen und Kulturstufen der Steinzeit.

Prähistoriker Karel Buchtela (1864–1946).
Foto: „Moravian Library" in Brno (via Wikimedia Commons),
Lizenz: gemeinfrei (Public domain)

Die Stichbandkeramik

Im östlichen Mitteleuropa, in Bayern, im südlichen Niedersachsen sowie in Thüringen, Sachsen-Anhalt, Sachsen, Teilen Brandenburgs, in Tschechien und seltener in Niederösterreich folgte auf die Kultur der Linienbandkeramiker (etwa 5.500–4.900 v. Chr.) die Stichbandkeramische Kultur (etwa 4.900–4.500 v. Chr.). Zeitgleiche und verwandte Erscheinungen waren die Oberlauterbacher Gruppe (etwa 4.900–4.500 v. Chr.), die Hinkelstein-Gruppe (etwa 4.900–4.800 v. Chr.) und die Großgartacher Gruppe (etwa 4.800–4.600 v. Chr.). Der Begriff Stichbandkeramische Kultur (auch Stichbandkeramik) wurde 1889 durch den Finanzoberrat und Prähistoriker Karel Buchtela (1864–1946) aus Prag eingeführt. Er beruht auf der typischen Verzierung der Tongefäße. Anstelle der geschlossenen Linien der Linienbandkeramischen Kultur waren für die Stichbandkeramische Kultur eingestochene Muster charakteristisch. Der Finanzoberrat Karel Buchtela bekleidete von 1924 bis 1938 das Amt des Direktors des „Staatlichen Archäologischen Instituts" in Prag. Bei seinen Forschungen arbeitete er mit dem tschechischen Archäologen Lubor Niederle (1865–1944) aus Prag zusammen. Buchtela betätigte sich als Ausgräber und schrieb wichtige Abhandlungen. Die Stichbandkeramiker stammten von späten Linienbandkeramikern bzw. Bandkeramikern ab. Es handelt sich also um keine neue eingewanderte Bevölkerungsgruppe. Aus Großkorbetha (Burgenlandkreis) in Sachsen-Anhalt und aus Roßleben (Kyffhäuserkreis) in Thüringen kennt man männliche Skelette von 1,64 Meter Größe, aus Halle/Saale von 1,69 Meter. Eine Frau aus Wengelsdorf (Burgenlandkreis) maß 1,58 Meter.

Wölfe beim Angriff auf einen Auerochsen (Ur).
Bild: Heinrich Harder (1858–1935)

Wie die Linienbandkeramiker wohnten auch die Stichbandkeramiker in geräumigen Langhäusern, die manchmal mehr
als 30 Meter lang waren. Im Online-Lexikon „Wikipedia" ist
sogar von 40 Meter Länge die Rede. Aus Straubing-Lerchenhaid
in Niederbayern kennt man den Grundriss eines 31 Meter
langen Hauses mit leicht nach außen gebogenen, aus Doppel-
pfosten bestehenden Seitenwänden. Dieses Gebäude war im
Nordwesten 4,50 Meter breit, in der Mitte sechs Meter und im
Südosten 5,50 Meter. Drei ebenfalls leicht gebogene Pfosten-
reihen trugen das Dach. In Straubing-Lerchenhaid wurden von
1979 bis 1982 Ausgrabungen vorgenommen.
Es gab Einzelgehöfte sowie unbefestigte oder mit Gräben,
Wällen und Palisaden befestigte Dörfer. Günstige Plätze sind
meist längere Zeit besiedelt worden. In Zwenkau-Hart (Kreis
Leipzig) in Sachsen wurden drei Siedlungsphasen der
Stichbandkeramischen Kultur entdeckt. Zur ersten gehörten
drei Langhäuser, zur zweiten zwei Hausgrundrisse und zur
dritten drei Hausgrundrisse von trapezförmiger Gestalt. In
Zwenkau-Hart haben 1935 der damals in Leipzig wirkende
Prähistoriker Kurt Tackenberg (1899–1992) sowie 1952 bis
1957 der damals ebenfalls in Leipzig tätige Prähistoiker Hans
Quitta (1925–2010) gegraben.
Die Jagd spielte bei der Stichbandkeramischen Kultur nur noch
eine bescheidene Rolle. Mit Pfeil und Bogen erlegte man ganz
selten Wildtiere, um für Abwechslung bei der Ernährung zu
sorgen. Knochenreste von Braunbären, Auerochsen (Ure),
Rothirschen, Rehen und Hasen sind in Siedlungsgruben von
Erfurt in Thüringen gefunden worden.
Die Stichbandkeramiker waren wie ihre Vorgänger Acker-
bauern und Viehzüchter. Sie bauten unter anderem Getreide,
Linsen und Erbsen an und hielten vor allem Rinder, aber auch

*Schmuckkette der Stichbandkeramik
mit Schalen von Flussmuscheln bei Sárka in Tschechien.
Original im „Museum der Stadt Prag".
Foto: Zde / CC-BY-SA4.0 (via Wikimedia Commons),
lizensiert unter Creative-Commons-Lizenz by-sa-4.0-en,
https://creativecommons.org/licenses/by-sa/4.0/legalcode*

Schafe, Ziegen und Schweine als Haustiere. Knochenreste dieser Tierarten fand man in den erwähnten Siedlungsgruben von Erfurt.

Die geernteten Getreidekörner, Linsen, Erbsen und das Fleisch geschlachteter Haustiere bildeten die Grundlage der Ernährung. Aus den Getreidekörnern oder dem -mehl bereitete man durch Hinzutun von Wasser Grützbrei oder buk Brot in aus Lehm errichteten Öfen. Das Fleisch dürfte über offenen Feuer gebraten worden sein.

Auch die Stichbandkeramiker tauschten mit Saatgut, Getreidemehl, Zuchttieren, attraktiven Tongefäßen, seltenen Steinarten und Schmuckschnecken, so wie dies zuvor schon die Linienbandkeramiker getan hatten. Teilweise stammten die eingetauschten Waren aus weit entfernten Gegenden. So kennt man von einigen Fundstellen aus Thüringen beispielsweise Plattensilex aus dem Altmühltal in Bayern.

Die Stichbandkeramiker schmückten sich mit Muschelschalen, Schneckengehäusen und durchlochten Tierzähnen, die man auf die Kleidung nähte oder als Halsketten trug. Bei bestimmten Gelegenheiten schminkte man das Gesicht und vielleicht auch andere Körperteile mit roter Farbe.

Kunstwerke wurden in Form von mit Tier- oder Menschendarstellungen versehenen Tongefäßen sowie von Gefäßen und Plastiken aus Ton in Tier- oder Menschengestalt geschaffen. Außer Ton verwendete man bei der Herstellung von Kunstobjekten keine anderen Rohstoffe wie etwa Holz, Knochen oder Geweih. Unter den auf der Außenwand von Tongefäßen herausmodellierten Tiermotiven überwog das Rind, das wichtigste Haustier der Stichbandkeramiker. Dieses Tier diente auch bei den meisten Tongefäßen in Tiergestalt als Vorbild. Sicher kam damit eine besondere Verehrung zum Ausdruck.

Tongefäß der Stichbandkeramik in Gestalt eines Widders
aus Zauschitz im „Staatlichen Museum für Archäologie Chemnitz".
Foto: Einsamer Schütze / CC-BY-SA4.0 (via Wikimedia Commons),
lizensiert unter Creative-Commons-Lizenz by-sa-4.0-en,
https://creativecommons.org/licenses/by-sa/4.0/legalcode

Bodenscherbe der Stichbandkeramik mit Schlangenrelief aus Piskowitz (Lommatzsch) im „Staatlichen Museum für Archäologie Chemnitz".
Foto: Einsamer Schütze / CC-BY-SA4.0 (via Wikimedia Commons), lizensiert unter Creative-Commons-Lizenz by-sa-4.0-en,
https://creativecommons.org/licenses/by-sa/4.0/legalcode

Weibliche Tonfigur der Stichbandkeramik aus Zauschwitz
in Sachsen („Venus von Zauschwitz“).
Original im „Staatlichen Museum für Archäologie Chemnitz“.
Foto: Einsamer Schütze / CC-BY-SA4.0 (via Wikimedia Commons),
lizensiert unter Creative-Commons-Lizenz by-sa-4.0-de,
https://creativecommons.org/licenses/by-sa/4.0/legalcode

Die in Tongefäße eingestochenen Menschendarstellungen der Stichbandkeramischen Kultur zeigen häufig Frauen in Gebärstellung, die man mit einem Fruchtbarkeitskult in Verbindung bringt. Manche innenverzierten Tonschalen tragen auf dem Boden stark stilisierte menschengestaltige Zeichen, die man früher als „Krötendarstellungen" deutete.

Auf den Außenwänden von stichbandkeramischen Tongefäßen sind mitunter plastische menschliche Gesichter angebracht worden. Dies war bei einem großen becherförmigen Gefäß aus Heldrungen (Kyffhäuserkreis) in Thüringen der Fall. Eine Randscherbe davon enthält etwa zwei Drittel einer halbplastischen Gesichtsdarstellung.

Auffälligerweise sind bisher keine kompletten stichbandkeramischen Menschenfiguren aus Ton geborgen worden. Zu den fragmentarisch vorgefundenen Kunstwerken gehört die 6,7 Zentimeter große „Venusstatuette" mit erhobenen spitzkonischen Armen von Zauschwitz (Kreis Leipziger Land) in Sachsen. Vielleicht stellt diese 1964 entdeckte „Venus von Zauschwitz" eine Betende dar. Sie ist im „Staatlichen Museum für Archäologie Chemnitz" („SMAC") ebenso wie der 2003 entdeckte linienbandkeramische „Adonis von Zschernitz" zu bewundern.

Unter den Tongefäßen der Stichbandkeramiker gab es überwiegend die gleichen Formen wie bei den Linienbandkeramikern, nämlich flache Schalen, mehr oder weniger geschlossene Töpfe (auch Kümpfe genannt) und Flaschen. Eine neue Form war der Becher. Fast alle Keramikgefäße hatten runde Böden.

Die Stichbandkeramiker verzierten ihre Tongefäße mit zwei-, drei- oder vierzinkigen Geräten aus Holz oder Knochen, die sie kurz vor dem Brand in den noch weichen Ton einstachen.

16

*Tönerne Frauenfigur der Stichbandkeramik aus der Gegend
von Vochow nahe Pilsen in Tschechien.*
*Foto: Zde / CC-BY-SA4.0 (via Wikimedia Commons),
lizensiert unter Creative-Commons-Lizenz by-sa-4.0-en,
https://creativecommons.org/licenses/by-sa/4.0/legalcode*

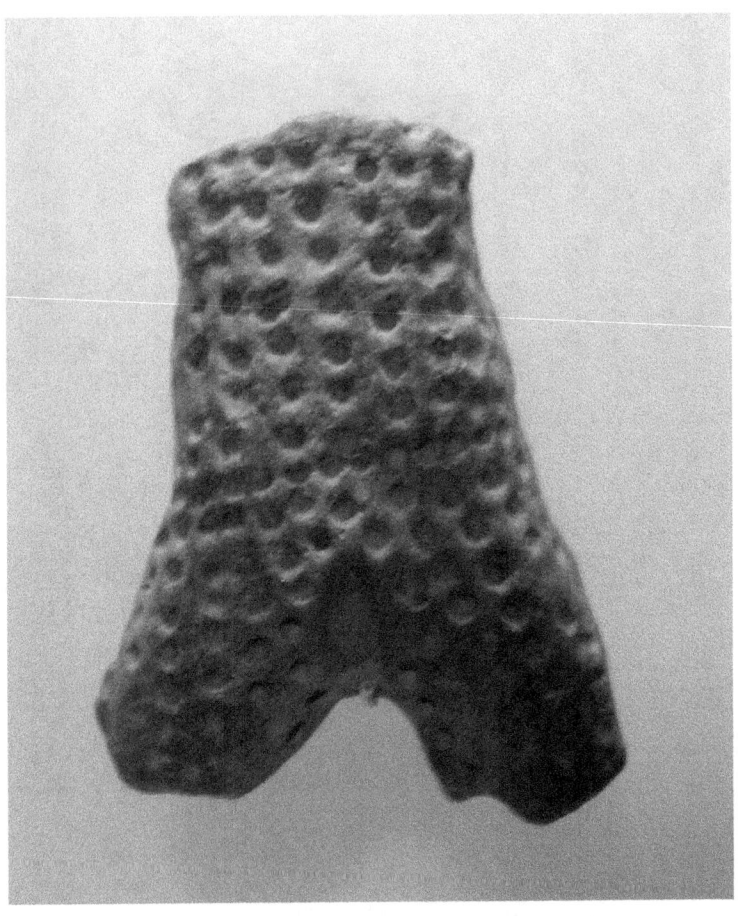

Torso einer weiblichen Tonfigur aus Birmenitz
im „Staatlichen Museum für Archäologie Chemnitz".
Foto: Einsamer Schütze / CC-BY-SA4.0 (via Wikimedia Commons),
lizensiert unter Creative-Commons-Lizenz by-sa-4.0-en,
https://creativecommons.org/licenses/by-sa/4.0/legalcode

*Verzierter Kumpf der Stichbandkeramik aus Bad Frankenhausen
im „Staatlichen Museum für Archäologie Chemnitz".
Foto: Einsamer Schütze / CC-BY-SA4.0 (via Wikimedia Commons),
lizensiert unter Creative-Commons-Lizenz by-sa-4.0-de,
https://creativecommons.org/licenses/by-sa/4.0/legalcode*

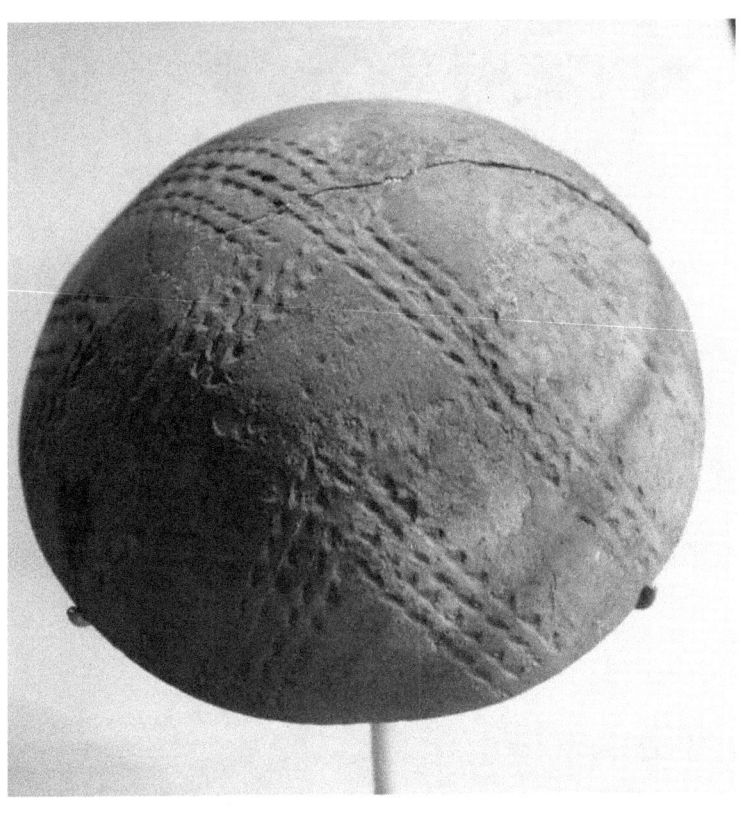

Verzierte Schale der Stichbandkeramik aus Dresden-Nickern im „Staatlichen Museum für Archäologie Chemnitz".
Foto: Einsamer Schütze / CC-BY-SA4.0 (via Wikimedia Commons), lizensiert unter Creative-Commons-Lizenz by-sa-4.0-de, https://creativecommons.org/licenses/by-sa/4.0/legalcode

*Spitzbodiges Tongefäß der Ertebölle-Ellerbek-Kultur
vom Fundort Rüder-Moor in Schleswig-Holstein.
Foto aus Carl Schuchhardt (1859–1943):
„Deutsche Vor- und Frühgeschichte in Bildern" (1936)*

Besonders gern schufen sie Zickzackbänder in verschiedenen Variationen, daneben aber auch waagrechte und senkrechte Stichbänder. Hauptsächlich auf Schalen beschränkt waren Kreuz- und Sternmuster sowie deutlich seltener Dreieck-, Girlanden- und Schachbrettmuster. Schalen wurden gelegentlich sogar innen verziert.

Wenn besonders schöne Tongefäße zerbrachen, hat man diese häufig nicht weggeworfen, sondern repariert. So kennt man von mehr als 30 Siedlungsplätzen im Saalegebiet Keramik mit Harzresten, die als Klebstoff für ausgebrochene Teile gedient hatten. Mitunter wurden zerbrochene Tongefäße auch auf andere Weise geflickt. Man durchbohrte sie beiderseits der Bruchstelle und zog einen Faden oder ein Sehne durch die Löcher des Gefäßes und des Scherbens. Auch in diesen Fällen hat man den Rand des Bruchstückes mit klebrigem Harz bestrichen und damit für guten Halt gesorgt.

Als bisher am nördlichsten gelegener Fundort der Stichbandkeramischen Kultur gilt Boberg an der Elbe unweit von Hamburg. Dort hat von 1950 bis 1959 der damals in Hamburg wirkende Prähistoriker Reinhard Schindler (1912–2001) Grabungen vorgenommen. Er entdeckte stichbandkeramische Tonscherben zusammen mit typischen Spitzböden von Tongefäßen der Ertebolle-Ellerbek-Kultur (etwa 5.000–4.300 v. Chr.). Letztere ist nach den Fundorten Ertebölle im Limfjord bei Aalborg in Dänemark und Kiel-Ellerbek auf dem Ostufer der Kieler Förde in Schleswig-Holstein benannt. Die Funde aus Boberg belegen Kontakte zwischen beiden Kulturen.

Zum Werkzeuginventar der Stichbandkeramiker gehörten undurchbohrte und quergelochte Schuhleistenkeile sowie Flachhacken aus Stein zur Holzbearbeitung, Kleingeräte aus Feuerstein und Knochengeräte wie Pfriemen, Spachteln und

Spitzen. Solche Geräte besaßen bereits die Linienbandkeramiker.

Als Waffe für die Jagd und vermutlich auch bei kriegerischen Auseinandersetzungen benutzte man Pfeil und Bogen, wie die Funde steinerner Pfeilspitzen belegen, mit denen hölzerne Pfeilschäfte bewehrt wurden. Die Pfeilschäfte dürften wohl auf grobkörnigen Pfeilschaftglättern aus Sandstein mit langer Rille abgeschmirgelt worden sein.

Die Stichbandkeramiker haben ihre Toten meist unverbrannt, manchmal aber auch verbrannt bestattet. Wenn sie die Körper zur letzten Ruhe betteten, legten sie diese häufig auf die linke Seite und zogen ihre Beine leicht an. Es handelte sich also um „linksseitige Hocker". Manche Skelette fand man jedoch auch in Bauchlage, andere zerstückelt oder mit abgetrenntem Schädel. Die mit ins Grab gelegten Beigaben – Keramik, Schuhleistenkeile, Flachhacken und Schmuck – deuten darauf hin, dass man damals an ein Weiterleben nach dem Tode glaubte.

Zu den größten stichbandkeramischen Gräberfeldern zählt das von Erfurt-Steiger in Thüringen. Dort wurden mindestens 40 Menschen bestattet. Sie sind alle unverbrannt begraben worden. Dieses Gräberfeld befindet sich auf einem ehemaligen linienbandkeramischen Siedlungsplatz. Das erste Grab von Erfurt-Steiger wurde 1905 durch den Arzt und Heimatforscher Paul Ziesche (1849–1919) aus Erfurt beschrieben. 1926 meldete der Lehrer Ernst Lehmann (1895–1950) aus Erfurt weitere Gräberfunde. 1952 kamen bei Ausschachtungsarbeiten für den Bau einer Liegehalle der Tbc-Heilstätte erneut Gräber zum Vorschein. 1953/1954 erfolgten Suchgrabungen.

Interessante Einblicke in das Bestattungswesen der Stichbandkeramiker erlauben vor allem die Funde von Zauschwitz (Kreis Leipziger Land) in Sachsen. Dort wurden in einer 1,75 Meter tiefen kreisförmigen Grube mit einem Durchmesser von 2,20 Metern Überreste von mehreren Menschen geborgen, die auf unterschiedliche Weise bestattet worden sind. Das Skelett des zuunterst in der Zauschwitzer Grube vorgefundenen, etwa 18 Jahre alten Menschen ruhte auf dem Bauch. Der teilweise zertrümmerte Schädel lag auf einem halben Mahlstein. Auch zwei jüngere, etwas höher in der Grube bestattete Menschen wurden in Bauchlage angetroffen. Einer davon war etwa 14, der andere 8 bis 9 Jahre alt. Bei einem der beiden hatte man die Oberschenkel gekreuzt und die Unterschenkel gewaltsam übereinander geschlagen. Offenbar sind die Beine verschnürt worden, weil sie sonst kaum in dieser unnatürlichen Stellung verharrt hätten. Außerdem barg man einen Mahlstein, der beim Zerschlagen eines vierten Schädels verwendet worden war., von dem an dem Stein noch Reste hafteten. Unter einem Stein stieß man auf Bruchstücke weiterer Schädel und isolierte Halswirbel. Sie lassen darauf schließen, dass man den Kopf vom Rumpf getrennt hatte. All diese Befunde deuten auf Oper von Gewaltakten hin.

In der Religion der stichbandkeramischen Ackerbauern und Viehzüchter spielten kreisrunde Plätz mit Durchmessern von 50 bis 150 Metern, die von einem Spitzgraben oder zwei davon umgeben waren, eine wichtige, aber in Einzelheiten noch ungeklärte Rolle. Solche Erdwerke oder Grabenrondelle wurden häufig von in allen vier Himmelsrichtungen liegenden Erdbrücken unterbrochen, über die man Zugang zum Inneren dieser imposanten Anlagen hatte. Derartige Grabenanlagen kennt man aus Bayern, Niedersachsen, Sachsen-Anhalt, Österreich und aus Tschechien. Ihre Funktion als Schauplatz von Kulthandlungen ist durch Funde von tönernen Menschenfiguren im Innern solcher Anlagen in Niederösterreich und

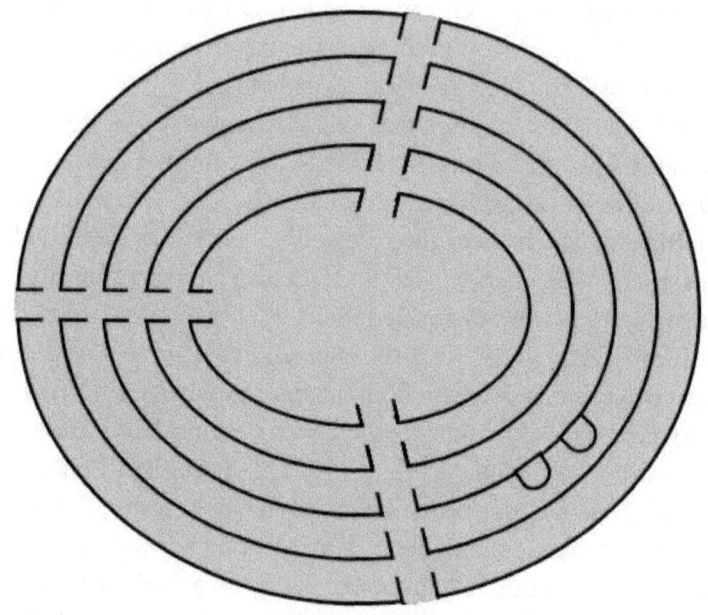

Plan der Kultanlage auf dem Bernsporn Schalkenburg
bei Quenstedt (Kreis Hettstedt) in Sachsen-Anhalt.
Zeichnung: JEW / CC-BY-SA3.0 (via Wikimedia Commons),
lizensiert unter Creative-Commons-Lizenz by-sa-3.0,
https://creativecommons.org/licenses/by-sa/3.0/legalcode

Mähren gesichert. Man kann also getrost von Tempelanlagen unter freiem Himmel sprechen.

Als eine den Stichbandkeramikern zugeschriebene Kultanlage gilt diejenige bei Quenstedt (Kreis Hettstedt) in Sachsen-Anhalt. Sie wurde von 1968 bis 1985 durch die Prähistoriker Hermann Behrens und Erhard Schröter (1935–1988) aus Halle/Saale untersucht. Das auf einem Bergsporn namens Schalkenburg angelegte Heiligtum besaß fünf im Abstand von wenigen Metern hintereinander gestaffelte, im Grundriss eiförmige Palisadenringe. Der äußere Palisadenring hatte einen Durchmesser von etwa 90 bis 100 Metern , der innerste von etwa 35 Metern. Dieses Ringpalisadensystem wurde durch drei Durchlässe unterbrochen. Der Bau des Tempels auf der Schalkenburg stellte eine faszinierende Gemeinschaftsleistung dar. Denn für die fünf Palisadenringe musste man schätzungsweise etwa 5.000 Baumstämme mit einem Durchmesser von 10 bis 20 Zentimetern fällen – und dies mit einfachen Steingeräten. Hinzu kamen das Ausheben des Grabens, in den die Palisaden gestellt wurden, sowie dessen Auffüllung. Solche Mühen nahm man wohl nur auf sich, weil eine eindrucksvolle Idee damit verbunden war.

Die Kultanlage bei Quenstedt ist mit den „Holz-Henges" (Woodhenges) aus England vergleichbar. Dabei handelte es sich um hölzerne Kultanlagen aus dem dritten und zweiten Jahrtausend v. Chr. Sie wurden von Ackerbauern und Viehzüchtern errichtet, die „gerillte Keramik" (Groved Ware) herstellten. Manche Prähistoriker meinen, die Woodhenges hätten eine ähnliche Funktion wie die Versammlungshäuser nordamerikanischer Creek- und Cherokee-Indianer gehabt.

Hermann Behrens, von 1959 bis 1980 Direktor des „Landesmuseums für Vorgeschichte" in Halle/Saale und einer der

Woodhenge von North Newnton in England.
Foto: Rog Frist / CC-BY-SA2.0 (via Wikimedia Commons),
lizensiert unter Creative-Commons-Lizenz by-sa-2.0,
https://creativecommons.org/licenses/by-sa/2.0/legalcode

Ausgräber der Kultanlage bei Quenstedt, habe ich in der letzten Phase der Entstehung meines Buches „Deutschland in der Steinzeit" (1991) kennen gelernt. Ich hatte ihn gebeten, gegen ein vom Verlag zu zahlendes Honorar einige meiner Textentwürfe über in Mitteldeutschland vertretene jungstein- zeitliche Kulturen durchzusehen und zu korrigieren. Er war damit einverstanden und ich schickte ihm per Post Kopien dieser Kapitel. Während eines Aufenthaltes wegen einer Tagung in Mainz wollte Behrens mit mir in einem Hotel über meine Texte sprechen. Bei dem Treffen redete Behrens in Vortrags- lautstärke mit mir, weswegen andere Hotelgäste verwundert zu uns blickten. Als Behrens vorschlug, ich solle nicht über jede Kultur ein eigenes Kapitel schreiben, sondern Themen wie Siedlungen, Ackerbau, Viehzucht, Handwerk, Kunst und Religion in Blöcken behandeln, lehnte ich dies ab. Deswegen wollte mir Behrens nicht mehr helfen. Nach dem Erscheinen meines Steinzeitbuches schrieb er eine vernichtende Kritik in der Fachzeitschrift „Die Kunde".

1991 wurde bei einem Erkundungsflug des Luftbildarchäologen Otto Braasch nordwestlich von Goseck (Burgenlandkreis) in Sachsen-Anhalt auf einem Plateau über der Saale eine Kreis- grabenanlage entdeckt, die sich später als ältestes Sonnen- observatorium Europas entpuppte. Ab 1999 machte man wei- tere Luftaufnahmen und nahm geomagnetische Unter- suchungen vor. Zwischen 2002 und 2004 erfolgten im Rahmen eines interdisziplinären Forschungsprojekts umfangreiche Ausgrabungen unter Leitung des Prähistorikers François Ber- temes aus Halle/Saale. Dabei legte man die gesamte Anlage frei. 2002 grub man auf einer 10 mal 50 Meter großen Fläche das Südosttor sowie einen Teil des Außenrings mit Graben, Wall und zwei Palisaden aus. Damals fand man Scherben der

Sonnenobservatorium Goseck (Burgenlandkreis) in Sachsen-Anhalt.
Foto: Krajo / CC-BY-SA3.0 (via Wikimedia Commons),
lizensiert unter Creative-Commons-Lizenz by-sa-3.0-de,
https://creativecommons.org/licenses/by-sa/3.0/de/legalcode

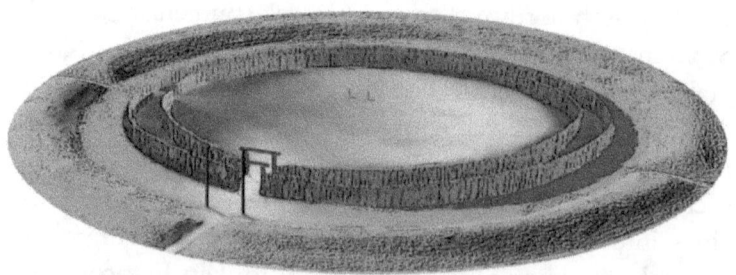

Rekonstruktion des Sonnenobservatoriums Goseck.
Bild: Kenny Arne Lang Antonsen / CC-BY-SA4.0 (via Wikimedia
Commons), lizensiert unter Creative-Commons-Lizenz by-sa-4.0-de,
https://creativecommons.org/licenses/by-sa/4.0/de/legalcode

Stichbandkeramik, Reste eines Langhauses mit lehmverputzten Flechtwerkwänden und ein bandkeramisches Kindergrab mit zwei Tongefäßen. 2003 untersuchte man die erste Ausgrabungsfläche weiter und eine südlich angrenzende Fläche von 30 mal 40 Meter erstmals. Bei weiteren Ausgrabungen entdeckte man Skelettreste von Rindern und in drei Gruben menschliche Knochen, von denen das Fleisch abgeschabt worden war. Es ist unklar, ob es sich um Menschenopfer oder um Bestattungen mit einem speziellen Ritual handelte. Im Sommer und Herbst 2005 erstellte man auf dem inzwischen vollständig freigelegten Ausgrabungsareal eine Rekonstruktion des Sonnenobservatoriums, die man am 21. Dezember 2005, dem Tag der Wintersonnenwende, eröffnete. Die Kreisgrabenanlage hat einen Durchmesser von etwa 71 Metern. Vor dem Graben lag ein flacher Erdwall, dahinter befanden sich zwei Palisadenringe mit einem Durchmesser von etwa 56 und etwa 49 Metern. Untersuchungen des Bochumer Astroarchäologen Wolfhard Schlosser ergaben, dass die beiden südlichen Tore und Zugangswege – vom Mittelpunkt der Anlage aus gesehen – auf den Sonnenaufgang und -untergang zur Wintersonnenwende um 4.800 v. Chr. ausgerichtet sind. Eine Visiereinrichtung in der Palisade, ermöglichte die Bestimmung der Sommersonnenwende.

Durch Luftbilder wurde man auch auf die Kreisgrabenanlage zur Himmelsbeobachtung auf einer Hügelkuppe bei Watenstedt (Kreis Helmstedt) in Niedersachsen aufmerksam. Bei den Ausgrabungen unter Leitung des Göttinger Archäologen Immo Heske legte man 2015 einen Teilbereich des Kreisgrabens frei. Der Graben hat einen Durchmesser von etwa 50 Metern, ist mehr als einen Meter tief und knapp zwei Meter breit. Stichbandkeramische Gefäßfragmente verrieten, wer die Erbauer der Kreisgrabenanlage waren. Nach Ansicht von

Heske diente diese Anlage als Versammlungsort oder zur Beobachtung von Sonne und Mond. Sie sei der älteste Monumentalbau in Niedersachsen.

Die Stichbandkeramiker pflegten vermutlich einen ähnlichen Fruchtbarkeitskult wie zuvor die Linienbandkeramiker. Ihr wichtigstes Anliegen war das Gedeihen der Ernte und der Haustiere. Um dies zu fördern, opferten sie Tiere, menschengestaltige Tonfiguren und bei besonderen Anlässen wohl auch Menschen.

Stiergehörne in stichbandkeramischen Siedlungsgruben aus dem Saalegebiet lieferten Hinweise dafür, welche Tiere vorzugsweise als Opfer dienten. Am erwähnten Fundort Zauschwitz barg man in einer Grube die Gehörne von drei Rindern sowie Tierknochen und einen Topf. Auch in Deersheim (Kreis Harz) und in Lißdorf (Burgenlandkreis) – beide in Sachsen-Anhalt gelegen – entdeckte man in Siedlungsgruben Stiergehörne, die als Opfergaben angesehen werden.

Als Opfer im Rahmen des Fruchtbarkeitskultes wird auch die Schädelbestattung in einer Siedlungsgrube bei Taubach (Stadt Weimar) in Thüringen betrachtet. Dabei handelte es sich um den Schädel eines etwa eineinhalb bis zwei Jahre alten Kindes ohne Unterkiefer, über den man das Unterteil eines stichbandkeramischen Tongefäßes gestülpt hatte.

Die Stichbandkeramik in Österreich

Die vor allem in Deutschland und in Tschechien weit verbreitete Stichbandkeramische Kultur fasste in geringerem Maße auch in Niederösterreich Fuß. Sie ist dort zwischen etwa 4.900 und 4.700 v. Chr. nachgewiesen. Im Vergleich mit der ungefähr zeitgleichen Lengyel-Kultur (etwa 4.900–4.400 v. Chr.) hat sie jedoch auffällig wenig Spuren hinterlassen, da ihr Verbreitungsgebiet nur im südlichen Randgebiet nach Niederösterreich hereinreichte. Der Begriff Lengyel-Kultur erinnert an den westungarischen Fundort Lengyel im Komitat Tolna, wo von 1882 bis 1888 ein Friedhof mit 90 Gräbern dieser Kultur freigelegt worden ist.

Von den Häusern der Stichbandkeramiker sind bisher aus Österreich so gut wie keine Spuren bekannt. Zahlreiche Grabungen in Tschechien, insbesondere in Bylany, zeigen aber, dass die Behausungen dieser Kultur einen leicht trapezförmigen Grundriss mit schwach nach außen gebauchten Wänden hatten. Die Fundstelle Bylany bei Kutná Hora wurde ab 1953 durch das „Archäologische Institut Prag" systematisch untersucht. Dort kamen linienbandkeramische und stichbandkeramische Siedlungsspuren zum Vorschein. Anhaltspunkte für die Bauweise der Häuser lieferten gebrannte Hüttenlehmbrocken mit Abdrücken von Rundhölzern, Brettern und Ruten sowie Pfostenspuren.

Die Stichbandkeramiker von Frauenhofen bei Horn in Niederösterreich erlegten gelegentlich Rehe, Rothirsche und Wildschweine. Die einzelnen Arten der Jagdbeutereste von

Frauenhofen wurden durch den Wiener Archäozoologen Erich Pucher identifiziert. Neben der Jagd betrieben die Stichbandkeramiker aber vor allem Ackerbau und Viehzucht. Fragmente stichbandkeramischer Tongefäße in Siedlungen der Lengyel-Kultur von Unterwölbling, Friebritz und Eggendorf am Walde belegen Tauschgeschäfte zwischen den verschiedenen Kulturen. Tönerne Spinnwirtel und Webstuhlgewichte zeigen, dass Textilien erzeugt wurden.

Auch in der religiösen Vorstellungswelt der Stichbandkeramiker hatten Plätze, die mit einem oder zwei Gräben umgeben waren, offensichtlich eine wichtige Funktion. Sie wurden meist von in allen vier Himmelsrichtungen liegenden Erdbrücken unterbrochen. Solche Anlagen ohne Siedlungsspuren werden als Kultplätze gedeutet, auf denen bestimmte Opferzeremonien oder andere Rituale stattgefunden haben dürften. Über die Art der Opfer gibt es vorläufig keine ausreichenden Hinweise. Derartige Kultplätze (auch Rondelle genannt) sind vor allem in Bayern, Sachsen-Anhalt, Niedersachsen, in Tschechien und in Niederösterreich entdeckt worden.

Als Rest eines solchen Heiligtums gilt die Ringgrabenanlage etwa drei Kilometer westlich von Frauenhofen (Flur Neue Breiten) in Niederösterreich. Ihre Entdeckungsgeschichte begann damit, dass der Landwirt Karl Grötz aus Frauenhofen beim Pflügen auf seinem Acker eine dunkle Verfärbung auffiel. Seine Mitteilung über diese Entdeckung führte 1962 zu ersten Testuntersuchungen durch den Wiener Prähistoriker Friedrich Berg. Dabei zeigte sich, dass es sich um einen Spitzgraben handelt. Es folgten weitere Untersuchungen durch den Wiener Prähistoriker Herwig Friesinger (1965) und durch die Wiener Prähistorikerin Eva Lenneis in den Jahren 1975, 1977, 1978 und 1979.

Von der ursprünglich schätzungsweise etwa 55 Meter großen Ringgrabenanlage von Frauenhofen ist nur ein Teil in Form einer halben Ellipse erhalten geblieben. Der Graben hat einen V-förmigen Querschnitt. Er ist oben 1,50 bis 2,50 Meter breit erhalten und noch bis in maximal 1,75 Meter Tiefe nachweisbar. Der Spitzgraben wird an vier Stellen durch Erdbrücken unterbrochen, über die man einst ins Innere der Anlage gelangte. Die beiden Seiten der Erdbrücken fielen nahezu senkrecht zum Graben ab. Spuren eines Walles oder einer Palisade als weitere Hindernisse fehlen. Weil innerhalb der durch den Graben umgebenen Fläche keine Siedlungsspuren zum Vorschein kamen und der Platz für einen Viehkral zu groß erscheint, vermutet Eva Lenneis, dass auch die Ringgrabenanlage von Frauenhofen als Kultplatz fungierte.

Als Kultobjekt gilt auch ein 8,1 Zentimeter hoher Fuß aus dunkelgrauem bis schwarzem Ton von Untermixnitz in Niederösterreich. Dieser seltene Fund glückte dem damals in Horn wohnenden Finanzbeamten und Heimatforscher Hermann Maurer. Mit Ausnahme der Fußsohle ist dieses Objekt mit einem typischen Stichbandmuster verziert. Der Entdecker betrachtet den Fuß als Bestandteil eines Tongefäßes.

Autor Ernst Probst.
Foto: Klaus Benz, Fotograf, Mainz-Laubenheim

Der Autor

Ernst Probst, geboren am 20. Januar 1946 in Neunburg vorm Wald im bayerischen Regierungsbezirk Oberpfalz, ist Journalist und Wissenschaftsautor. Er arbeitete von 1968 bis 1971 bei den „Nürnberger Nachrichten", von 1971 bis 1973 in der Zentralredaktion des „Ring Nordbayerischer Tageszeitungen" in Bayreuth und von 1973 bis 2001 bei der „Allgemeinen Zeitung", Mainz. In seiner Freizeit schrieb er Artikel für die „Frankfurter Allgemeine Zeitung", „Süddeutsche Zeitung", „Die Welt", „Frankfurter Rundschau", „Neue Zürcher Zeitung", „Tages-Anzeiger", Zürich, „Salzburger Nachrichten", „Die Zeit", „Rheinischer Merkur", „Deutsches Allgemeines Sonntagsblatt", „bild der wissenschaft", „kosmos", „Deutsche Presse-Agentur" (dpa), „Associated Press" (AP) und den „Deutschen Forschungsdienst" (df). Aus seiner Feder stammen die Bücher „Deutschland in der Urzeit" (1986), „Deutschland in der Steinzeit" (1991), „Rekorde der Urzeit" (1992), „Dinosaurier in Deutschland" (1993 zusammen mit Raymund Windolf) und „Deutschland in der Bronzezeit" (1996). Von 2001 bis 2006 betätigte sich Ernst Probst als Buchverleger sowie zeitweise als internationaler Fossilienhändler und Antiquitätenhändler. Insgesamt veröffentlichte er mehr als 300 Bücher, Taschenbücher, Broschüren und über 300 E-Books.

Bücher von Ernst Probst

(Auswahl)

Als Mainz im Meer lag
Als Mainz noch nicht am Rhein lag
Das Mammut- Mit Zeichnungen von Shuhei Tamura
Der Europäische Jaguar
Der Mosbacher Löwe. Die riesige Raubkatze aus
Wiesbaden
Der Rhein-Elefant. Das Schreckenstier von Eppelsheim
Der Ur-Rhein. Rheinhessen vor zehn Millionen Jahren
Deutschland im Eiszeitalter
Deutschland in der Frühbronzezeit
Deutschland in der Mittelbronzezeit
Deutschland in der Spätbronzezeit
Die Aunjetitzer Kultur in Deutschland
Die Straubinger Kultur in Deutschland
Die Singener Gruppe
Die Arbon-Kultur in Deutschland
Die Ries-Gruppe und die Neckar-Gruppe
Die Adlerberg-Kultur
Der Sögel-Wohlde-Kreis
Die nordische Bronzezeit in Deutschland
Die Hügelgräber-Kultur in Deutschland
Die ältere Bronzezeit in Nordrhein-Westfalen
Die Bronzezeit in der Lüneburger Heide
Die Stader Gruppe
Die Oldenburg-emsländische Gruppe
Die Urnenfelder-Kultur in Deutschland

Die ältere Niederrheinische Grabhügel-Kultur
Die Unstrut-Gruppe
Die Helmsdorfer Gruppe
Die Saalemündungs-Gruppe
Die Lausitzer Kultur in Deutschland
Die Dolchzahnkatze Megantereon
Die Dolchzahnkatze Smilodon
Die Säbelzahnkatze Homotherium
Die Säbelzahnkatze Machairodus
Die Schweiz in der Frühbronzezeit
Die Rhône-Kultur in der Westschweiz
Die Arbon-Kultur in der Schweiz
Die Schweiz in der Mittelbronzezeit
Die Schweiz in der Spätbronzezeit
Dinosaurier von A bis K. Von Abelisaurus bis zu
Kritosaurus
Dinosaurier von L bis Z. Von Labocania bis zu
Zupaysaurus
Der rätselhafte Spinosaurus. Leben und Werk des Forschers
Ernst Stromer von Reichenbach
Eiszeitliche Geparde in Deutschland
Eiszeitliche Leoparden in Deutschland
Höhlenlöwen. Raubkatzen im Eiszeitalter
Hermann von Meyer. Der große Naturforscher aus
Frankfurt am Main
Johann Jakob Kaup. Der große Naturforscher aus
Darmstadt
Krallentiere am Ur-Rhein
Neues vom Ur-Rhein. Interview mit dem Geologen und
Paläontologen Dr. Jens Sommer
Österreich in der Frühbronzezeit

Österreich in der Mittelbronzezeit
Österreich in der Spätbronzezeit
Raub-Dinosaurier von A bis Z. Mit Zeichnungen von
Dmitry Bogdanav und Nobu Tamura
Rekorde der Urmenschen. Erfindungen, Kunst und Religion
Rekorde der Urzeit. Landschaften, Pflanzen und Tiere
Säbelzahnkatzen. Von Machairodus bis zu Smilodon
Säbelzahntiger am Ur-Rhein. Machairodus und
Paramachairodus
Was ist ein Menhir? Interview mit dem Mainzer
Archäologen Dr. Detert Zylmann
Wer ist der kleinste Dinosaurier? Interviews mit dem
Wissenschaftsautor Ernst Probst
Wer war der Stammvater der Insekten? Interview mit dem
Stuttgarter Biologen und Paläontologen Dr. Günther Bechly
6000 Jahre Kastel. Von der Steinzeit bis zum 21.
Jahrhundert
5000 Jahre Kostheim. Von der Steinzeit bis zum 21.
Jahrhundert
Kastel in der Vorzeit. Von der Jungsteinzeit bis Christi
Geburt
Kostheim in der Vorzeit. Von der Jungsteinzeit bis Christi
Geburt
Wiesbaden in der SteinzeitAnno 1.000.000. Deutschland in
der älteren Altsteinzeit
Das Protoacheuléen. Eine Kulturstufe der Altsteinzeit vor
etwa 1,2 Millionen bis 600.000 Jahren
Das Altacheuléen. Eine Kulturstufe der Altsteinzeit vor etwa
600.000 bis 350.000 Jahren
Das Jungacheuléen. Eine Kulturstufe der Altsteinzeit vor etwa
350.000 bis 150.000 Jahren
Das Spätacheuléen. Eine Kulturstufe der Altsteinzeit vor etwa

etwa 3.700 bis 3.200 v. Chr.

Die Chamer Gruppe. Eine Kulturstufe der Jungsteinzeit vor
etwa 3.500 bis 2.800 v. Chr.

Die Wartberg-Kultur. Eine Kultur der Jungsteinzeit vor
etwa 3.500 bis 2.800 v. Chr.

Die Walternienburg-Bernburger Kultur. Eine Kultur der
Jungsteinzeit vor etwa 3.200 bis 2.800 v. Chr.

Die Kugelamphoren-Kultur. Eine Kultur der Jungsteinzeit
vor etwa 3.100 bis 2.700 v. Chr.

Die Schnurkeramischen Kulturen. Kulturen der
Jungsteinzeit von etwa 2.800 bis 2.400 v. Chr.

Die Einzelgrab-Kultur. Eine Kultur der Jungsteinzeit vor
etwa 2.800 bis 2.300 v. Chr.

Die Schönfelder Kultur. Eine Kultur der Jungsteinzeit vor
etwa 2.800 bis 2.200 v. Chr.

Die Glockenbecher-Kultur. Eine Kultur der Jungsteinzeit
vor etwa 2.500 bis 2.200 v. Chr.

Die ersten Bauern in Österreich. Die Linienbandkeramische
Kultur vor etwa 5.500 bis 4.900 v. Chr.

Die Lengyel-Kultur in Österreich. Eine Kultur der
Jungsteinzeit vor etwa 4.900 bis 4.400 v. Chr.

Die Mondsee-Gruppe. Eine Kulturstufe der Jungsteinzeit
vor etwa 3.700 bis 2.900 v. Chr.

Die Badener Kultur in Österreich. Eine Kultur der
Jungsteinzeit vor etwa 3.600 bis 2.900 v. Chr.

Die ersten Pfahlbauten in der Schweiz. Die Anfänge der
Pfahlbauforschung und die Egolzwiler Kultur

Die Cortaillod-Kultur. Eine Kultur der Jungsteinzeit vor
etwa 4.000 bis 3.500 v. Chr.

Die Pfyner Kultur in der Schweiz. Eine Kultur der
Jungsteinzeit vor etwa 4.000 bis 3.500 v. Chr.

Die Horgener Kultur in der Schweiz. Eine Kultur der
Jungsteinzeit vor etwa 3.500 bis 2.800 v. Chr.
Die Schnurkeramiker in der Schweiz. Eine Kultur der
Jungsteinzeit vor etwa 2.800 bis 2.400 v. Chr.

www.ingramcontent.com/pod-product-compliance
Lightning Source LLC
Chambersburg PA
CBHW072304170526
45158CB00003BA/1186